看，大飞机

张淋清　王懿墨◎著　东千树◎绘

嗡 嗡 嗡……

看，一只威风的"钢铁巨鸟"
正缓缓地滑向跑道。

北京科学技术出版社

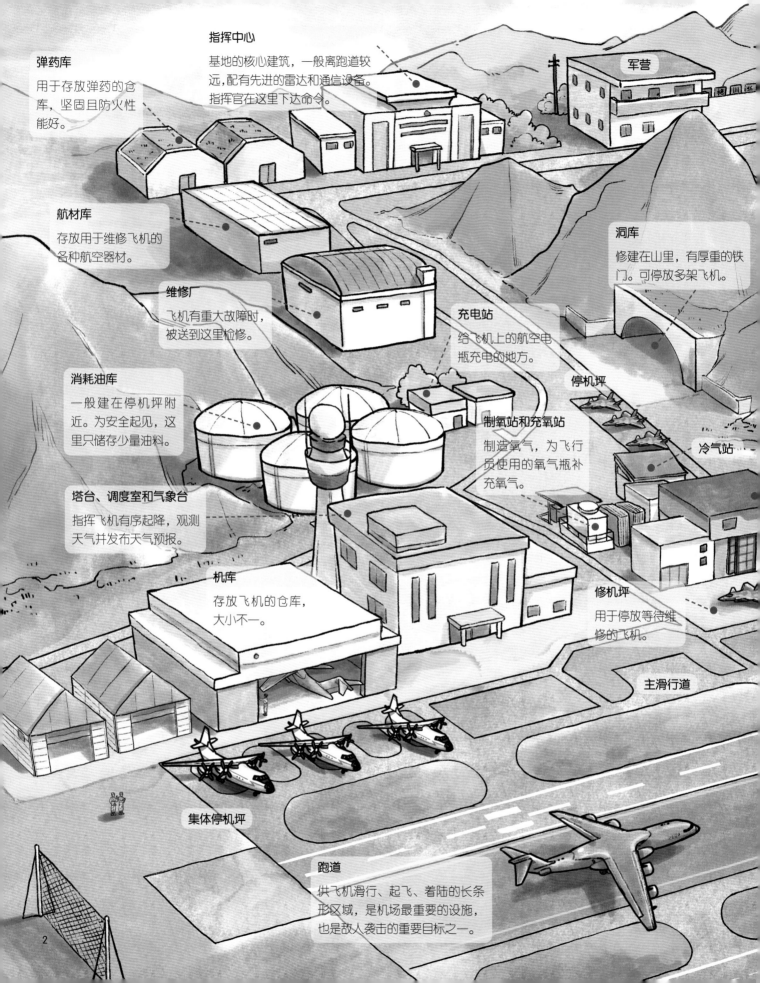

弹药库
用于存放弹药的仓库，坚固且防火性能好。

指挥中心
基地的核心建筑，一般离跑道较远，配有先进的雷达和通信设备。指挥官在这里下达命令。

军营

航材库
存放用于维修飞机的各种航空器材。

洞库
修建在山里，有厚重的铁门。可停放多架飞机。

维修厂
飞机有重大故障时，被送到这里检修。

充电站
给飞机上的航空电瓶充电的地方。

停机坪

消耗油库
一般建在停机坪附近。为安全起见，这里只储存少量油料。

制氧站和充氧站
制造氧气，为飞行员使用的氧气瓶补充氧气。

冷气站

塔台、调度室和气象台
指挥飞机有序起降，观测天气并发布天气预报。

机库
存放飞机的仓库，大小不一。

修机坪
用于停放等待维修的飞机。

主滑行道

集体停机坪

跑道
供飞机滑行、起飞、着陆的长条形区域，是机场最重要的设施，也是敌人袭击的重要目标之一。

基地油库
建在离跑道较远的坑道里，配有防火设备和输油管线。基地的大部分油料都储存在这里。

嗡嗡嗡……

定检厂
飞机进行定期检查的地方，比维修厂小。

防空导弹

"巨鸟"从我们头顶上飞过去啦！它可真威风！

那是战略运输机，作为你的指导员，现在我将带你乘坐这只"巨鸟"去执行任务。

拦机网

警戒停机坪

端保险道

油坪

行道

到达空军基地

今天真是一个晴朗的好天气！

这里是空军基地，是航空兵驻扎、作战和训练的地方。

这里的机场叫军用机场，是供军用飞机起飞、着陆、停放的专用机场，

和普通民用机场可不一样。军用机场不仅有指挥中心，

还有地下油库和机库等，跑道周围还配有各种军用设施。

能 打 胜

降落伞绝不能乱放，登机前要叠好并统一封存。

确认任务

执行任务前，指挥官要和每个士兵确认任务的时间、地点、目标和内容，这样才能正确、迅速地行动。

叠伞

这是空降兵必须掌握的技能，叠伞过程有专人进行严格检查和记录。新兵首次叠伞大约要 1 小时，熟练后 20 分钟内就能完成。

空降兵的严格规定

所有跳伞人员都必须自己叠降落伞，不能由别人代替。

降落伞是空降兵的"翅膀"，关乎着跳伞人员的生命安全。跳伞人员自己叠伞，既体现了对生命安全的负责和重视，也体现了空降兵严谨、细致的作风。

出发前的准备

指导员带我来到了准备室，
士兵们正在这里认真地穿戴作训服、检查降落伞包，
机长正在和机组人员讨论任务内容。
这些工作看似日常，但非常重要。
只有做好准备工作，才能够检查出任务安排中是否还有不足之处，
以确保能够顺利完成任务。

穿戴装具
空降兵需要穿好救生衣、戴好头盔、携带伞兵行具和降落伞包等各种装备。

模拟协同演练
飞行员们正在用模型进行协同演练，就像我们出远门前，在家里先想一下去哪儿、途中在哪儿停歇、选择哪条路线一样。飞行员们必须预先想好在空中的动作，这样能避免编队在飞行过程中出现各种问题。

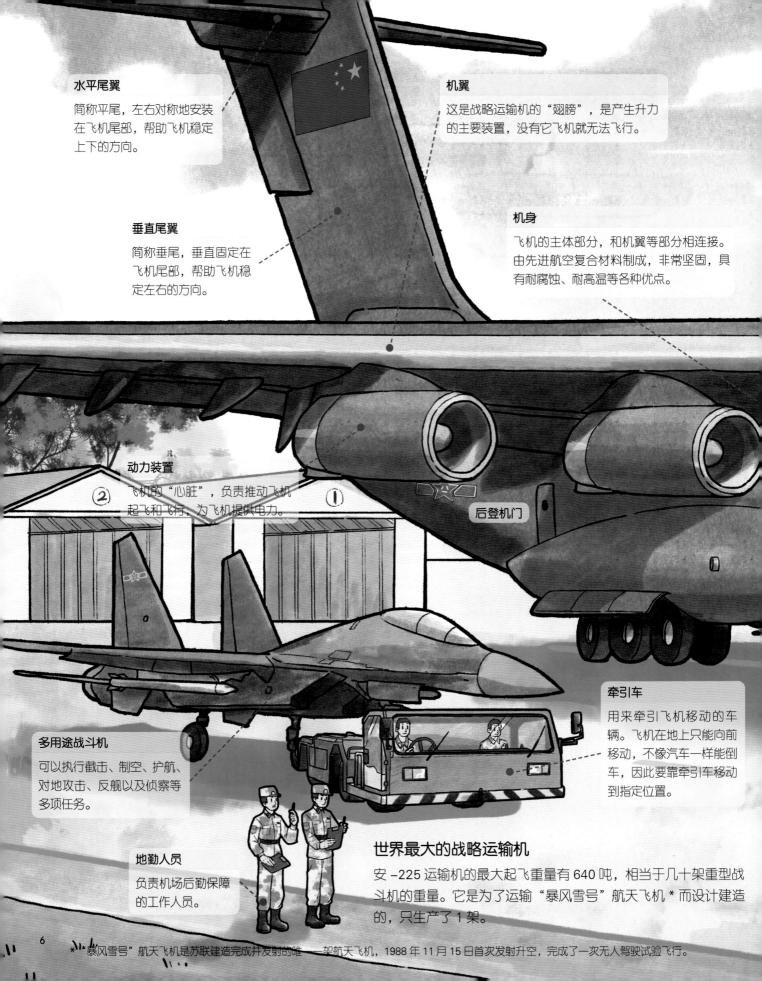

水平尾翼
简称平尾，左右对称地安装在飞机尾部，帮助飞机稳定上下的方向。

机翼
这是战略运输机的"翅膀"，是产生升力的主要装置，没有它飞机就无法飞行。

垂直尾翼
简称垂尾，垂直固定在飞机尾部，帮助飞机稳定左右的方向。

机身
飞机的主体部分，和机翼等部分相连接。由先进航空复合材料制成，非常坚固，具有耐腐蚀、耐高温等各种优点。

动力装置
飞机的"心脏"，负责推动飞机起飞和飞行，为飞机提供电力。

后登机门

牵引车
用来牵引飞机移动的车辆。飞机在地上只能向前移动，不像汽车一样能倒车，因此要靠牵引车移动到指定位置。

多用途战斗机
可以执行截击、制空、护航、对地攻击、反舰以及侦察等多项任务。

地勤人员
负责机场后勤保障的工作人员。

世界最大的战略运输机
安-225 运输机的最大起飞重量有 640 吨，相当于几十架重型战斗机的重量。它是为了运输"暴风雪号"航天飞机 * 而设计建造的，只生产了 1 架。

6

*"暴风雪号"航天飞机是苏联建造完成并发射的唯一一架航天飞机，1988 年 11 月 15 日首次发射升空，完成了一次无人驾驶试验飞行。

你好，大飞机！

完成了准备工作后，
我和指导员一起乘坐吉普车到达军用机场。
机场里真热闹，牵引车正在将战斗机拖向起飞位，
地勤人员正在检查飞机运转是否正常……
瞧，我们本次任务所需的"专属座驾"——战略运输机
正从机库中缓缓滑出，它的个头比战斗机大多了。

重型隐形战斗机
被誉为"空中幽灵"，行踪诡秘，能有效地躲避雷达跟踪，拥有强大的火力和性能优越的发动机，是空军中的"王牌战机"。

战略运输机
主要承担较远距离、大量人员和大型武器装备运输任务的军用运输机。相比民用飞机，军用运输机的机身又短又粗。

驾驶舱
机长、副驾驶等机组成员在这里操纵飞机。

应急出口
位于货舱两侧，发生紧急情况时，供机上人员快速撤离。

军空国中

前登机门

照明灯
在飞机着陆和绕弯等情况下用来照明的设备。

起落装置
由起落架、减震支柱和机轮组成。飞机停放、起飞、着陆、滑跑、滑行时都离不开它。

指挥车

空军不仅有轻巧敏捷的战斗机，还有像战略运输机这样的大家伙。

7

一方有难，多方支援

2020 年 2 月 13 日，中国空军出动 11 架运输机向武汉紧急运送近 1000 名军医和 74 吨医疗物资。这 11 架运输机从全国 7 个不同的地方起飞，在同一时间抵达武汉，依次降落，其中包括最新国产战略运输机。

上单翼

机翼在机身上方。

下单翼

机翼在机身下方。

内部照明设备

各种照明设备能把货仓内照得灯火通明。

悬臂式上单翼

安装在机身上方的机翼，像一对大翅膀。这种设计，可以避免战略运输机的发动机吸入跑道上的沙石等杂物，同时机身可以更靠近地面，方便装载人员、货物和各种重型装备。

装载重型装备

大型战略运输机不仅能装载士兵，也能装载装甲车、突击车、伞兵战车和坦克等。在现代战争中，战略运输机的装载量和空中输送能力的大小，有时能决定一场战争的胜负。

装载空降部队和物资

快速空运兵员和军用物资到达战场。

世界主要大型运输机对比图	型号	最大起飞重量	最大载重量	航程
	美国 C-17 运输机	265 吨	78 吨	11600 千米
	中国新型战略运输机	大于 200 吨	大于 50 吨	大于 7800 千米
	俄罗斯伊尔 -76 运输机	170 吨	50 吨	7800 千米
	欧洲 A-400M 运输机	141 吨	38 吨	9300 千米
	日本 C-2 运输机	140 吨	37 吨	10950 千米

列队，登机！

这是一群特殊的乘客，他们在货舱后方整齐列队，准备登上战略运输机。

这群乘客和我们平时在机场见到的不一样，

他们登机不需要机票，也不用出示登机牌。

他们就是空降兵，个个都是经过严格训练的跳伞高手。

货舱

战略运输机的货仓比一般飞机宽大得多，
内部可设置为双层上下隔舱，分别装载人
员、货物和战车等重型装备。

对，我们这次要同时完成伞降和重装空投两个任务！

除了空降兵，坦克和战车也会登上战略运输机吗？

驾驶舱

战略运输机缓缓地滑行到跑道上的起飞预位。
驾驶舱中，机组成员正在认认真真地检查
飞机通信设备和设备运转情况，
虽然他们看起来井井有条、不慌不忙，
但舱里的气氛却有点儿紧张。

发动机控制板

控制燃油注入和发动机点火的
装置，上面有很多旋钮。

发动机和机组告警系统

显示发动机的状态，在油料
不足、发动机过热或受损时
会发出警报。

报告塔台，
设备运转一切正常，
已进入起飞预位，
请求起飞。

机长

驾驶席

机长座位在左，副驾驶座位在右，
第三座飞行员座位在机长座位正
后方，三个人在飞行过程中互相
配合，分工明确。

第三座飞行员

导航显示器

显示飞行路线、天气状况、卫星地图等信息的装置。

主飞行显示器

显示飞行速度、高度、航向、飞行模式、着陆指示等重要信息的装置。

平视显示器

将飞机主要信息和飞行参数、目标信息等投影到风挡玻璃上的一种设备，这样驾驶员就无须经常低头查看仪表和显示屏了。

副驾驶

通信设备

有隔离外界噪声的功能，确保飞行员之间，以及飞行员和塔台之间进行清晰的通话。

操纵杆

驾驶员通过它来控制飞机起飞、爬升、下降、着陆等。

油门杆

控制发动机的操作装置，飞机有几台发动机，这里就安装有几根油门杆。

念单

起飞前，机组成员都要对照检查单进行模拟操作和复查。这是起飞前的一项重要工作。

这是适合大型飞机使用的特殊机翼，帅气吧？

三缝襟翼（增升装置）

能增加升力，可使战略运输机低速飞行。同时，还能大大缩短战略运输机起飞时的滑跑距离，让它更快、更稳地起飞，就算遇到跑道部分受损的情况，它也能顺利起降。

大飞机，起飞！

战略运输机起飞，全速飞往任务地点。

涡轮风扇发动机

一种由喷管喷射出的燃气与风扇排出的空气共同产生反作用推力的发动机，比一般发动机效率高很多，能让战略运输机油耗降低，飞得更远。

战略运输机的翅膀怎么和普通飞机不太一样？

螺旋桨发动机

通过螺旋桨旋转时产生的力量推动飞机前进的装置，最合适安装在像反潜巡逻机这种不需要飞得那么快但要飞得久的飞机上。

六面式风挡

由特殊材料制成，有好几层。不仅非常坚固，不怕鸟撞击，还能有效抵挡外部风压。设计为流线型，以减少机头受到的空气阻力。

起落架

起落架看似不起眼，对于战略运输机却非常重要。战略运输机个头大，着陆时机身受到的冲击力比起飞时大很多，起落架就是能撑起飞机的"大力士"，它非常坚固，在战略运输机起飞后会自动收起。

平稳飞行的秘密

加油机的身躯庞大，为什么能飞得又快又稳？原来，加油机装备了超临界机翼，它的前缘比普通机翼更钝圆，上表面更平坦，机翼末端还有曲线。安装这种机翼的飞机在飞行时，气流在机翼上比在普通机翼上更平缓，因此可以让飞机飞得更稳。

> 空中加油可以让战斗机不必降落补充燃料，能长时间持续地飞行，一直保护我们到任务地点。

空中加油机

能在飞行中给其他飞机补充燃油的飞机，一般由运输机、客机等大型飞机改装而成。

超临界机翼

气流流速平缓

上表面平坦

传统机翼

气流流速变化明显

上表面有弧度

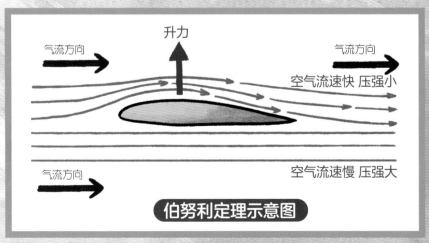

气流方向

升力

气流方向

空气流速快 压强小

气流方向

空气流速慢 压强大

伯努利定理示意图

飞机是怎么起飞的？

机翼前端圆润、后端尖锐，导致气流在机翼上下的流速和压强不同，从而形成了强大的升力。当升力大于飞机自重时，飞机就能飞上天空。这个定理是被称为"流体力学之父"的瑞士数学家丹尼尔·伯努利在 1738 年提出的。

空中加油

"嘀嘀嘀！燃油不足！"

突然，编队中的战斗机警报响了起来。

原来，由于飞行的距离长，

为我们护航的战斗机燃油不够了。

"报告，我机请求空中加油。"

战斗机飞行员打开通信装置，

呼叫加油机进行空中加油。

硬管加油

这根加油管是硬的，可以伸缩摆动，由加油机上的操作员通过摇杆控制，以便插入后面战斗机背上的受油口。用硬管加油时，加油机只能为一架飞机补充燃料。

软管加油

加油机甩出软管，战斗机把机头的一根管子插进软管，卡牢，然后就能"喝"油了。这需要战斗机飞行员具备过硬的飞行技术。虽然软管加油有难度，但用这种方法能同时给两三架飞机补充燃料。

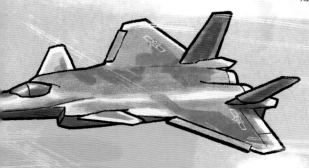

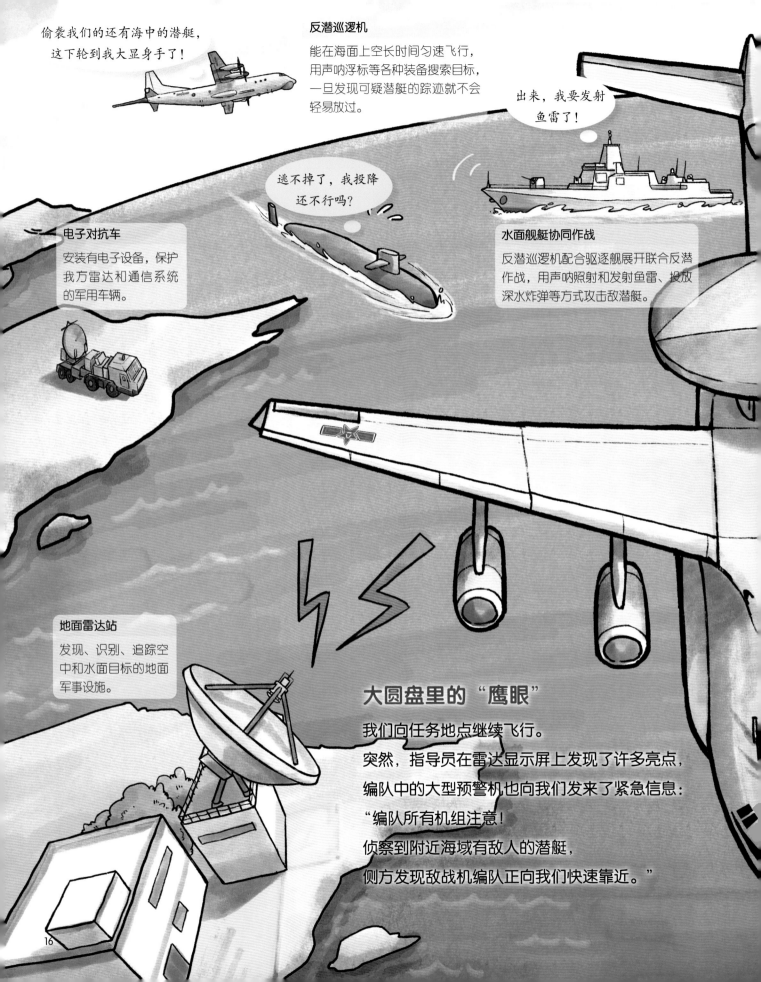

偷袭我们的还有海中的潜艇，这下轮到我大显身手了！

反潜巡逻机
能在海面上空长时间匀速飞行，用声呐浮标等各种装备搜索目标，一旦发现可疑潜艇的踪迹就不会轻易放过。

出来，我要发射鱼雷了！

逃不掉了，我投降还不行吗？

电子对抗车
安装有电子设备，保护我方雷达和通信系统的军用车辆。

水面舰艇协同作战
反潜巡逻机配合驱逐舰展开联合反潜作战，用声呐照射和发射鱼雷、投放深水炸弹等方式攻击敌潜艇。

地面雷达站
发现、识别、追踪空中和水面目标的地面军事设施。

大圆盘里的"鹰眼"

我们向任务地点继续飞行。
突然，指导员在雷达显示屏上发现了许多亮点，编队中的大型预警机也向我们发来了紧急信息：
"编队所有机组注意！
侦察到附近海域有敌人的潜艇，
侧方发现敌战机编队正向我们快速靠近。"

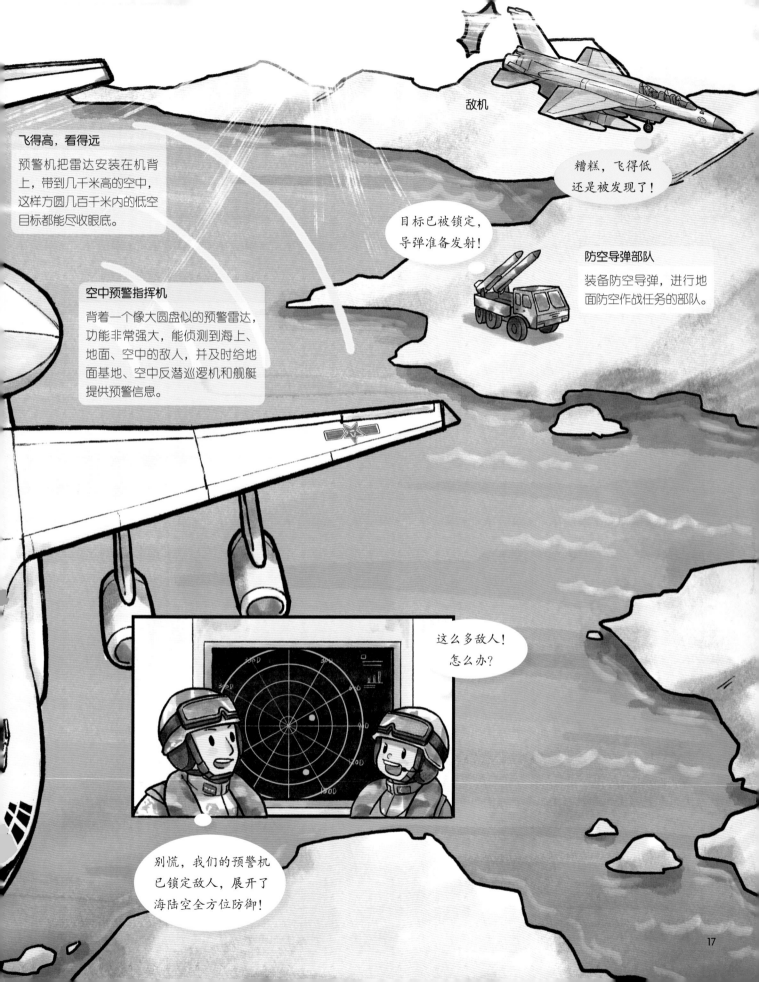

地面部队对我们进行了支援，但还有一架敌机穷追不舍，向我们发射了导弹。

敌人的导弹受干扰弹干扰后偏离了目标。

电子侦察机成功化解了危机，我们的编队继续向任务地点前进。

大飞机的故事

成功击退了敌人后，我们继续前往任务地点。

这时指导员拿出了他珍藏已久的相册，

津津有味地向我们讲起了大飞机的故事。

哇，有好多酷酷的大飞机！

里-2 运输机

我国从苏联引进的活塞式双发运输机，是 20 世纪 50 年代初我国军用、民用航空运输的主力机型。

运-8 运输机

我国空军主力运输机之一，可改装为支援干扰机、电子侦察机、反潜巡逻机，掩护我机突破敌人防空区、支援陆海军，以及进行反潜作战等多种任务。

运-7 运输机

我国第一种正式投入运营的国产运输机，它的
出现结束了中国民航全部使用外国飞机的历史。

运-9 运输机

在运 -8 运输机基础上研发的中型战术运输机。

2019 年，运-9 参加了庆祝中华人民共和国成立 70 周年阅兵式。

我国新型运输机

我国研究制造的新一代军用大型运输机，于 2013 年 1 月 26 日
成功首飞，能在复杂的天气和环境下执行长距离的运输任务。

降落伞挂钩

挂钩上的绳子一端挂在机舱内的钢缆上，另一端连接空降兵伞包上的引导伞。空降兵跳出机舱后，挂钩自动拉开引导伞。用这种方式跳伞能保证空降兵的主伞安全打开，同时控制人员跳出机舱的位置，避免部队降落时太分散。

预备，跳！

战略运输机已到达空投地点，

机舱内信号灯亮起，

空降兵们开始列队准备跳伞，

步兵战车也已在导轨上就位

可以随时进行空投。

"预备，跳！"跳伞命令下达，

空降兵们跟随指导员一个个有序地跳出机舱。

先跳还是后跳看体重

空降兵跳伞前，伞训教员会统计跳伞员的体重，根据每个人的体重编排离机顺序。最重的人第一个从机门跳出，最轻的人最后一个从机门跳出。这样做是因为如果后跳下去的人的下降速度比先跳下去的人快，容易发生相撞。

跳伞前一定要确认
挂上了挂钩！

舱内信号灯

有不同颜色，位于机舱内醒目位置，空降兵们会按照信号灯给出的指示来统一行动。

技能全面

在空降兵部队，无论男女，从将军到士兵，包括医护人员，都要学会 2 种伞型、3 种机型、多种地形条件下的跳伞作战技能。

重装空投

重装空投所投送的武器装备一般比较重。这些武器装备能够明显提高空降兵的作战能力。因而，是否具有重装空投能力常被视为空降部队综合作战能力强弱的重要标志。

"雷神"突击队

中国人民解放军空降兵特种作战部队的队员们个个具备在各种地区、不同气候条件下的特种作战能力，精通伞降、格斗、侦察、射击、潜水、排爆等技能。他们装备精良，训练有素，是特种兵中的精英。这支队伍能以雷霆之势瞬间向敌人发起致命一击。

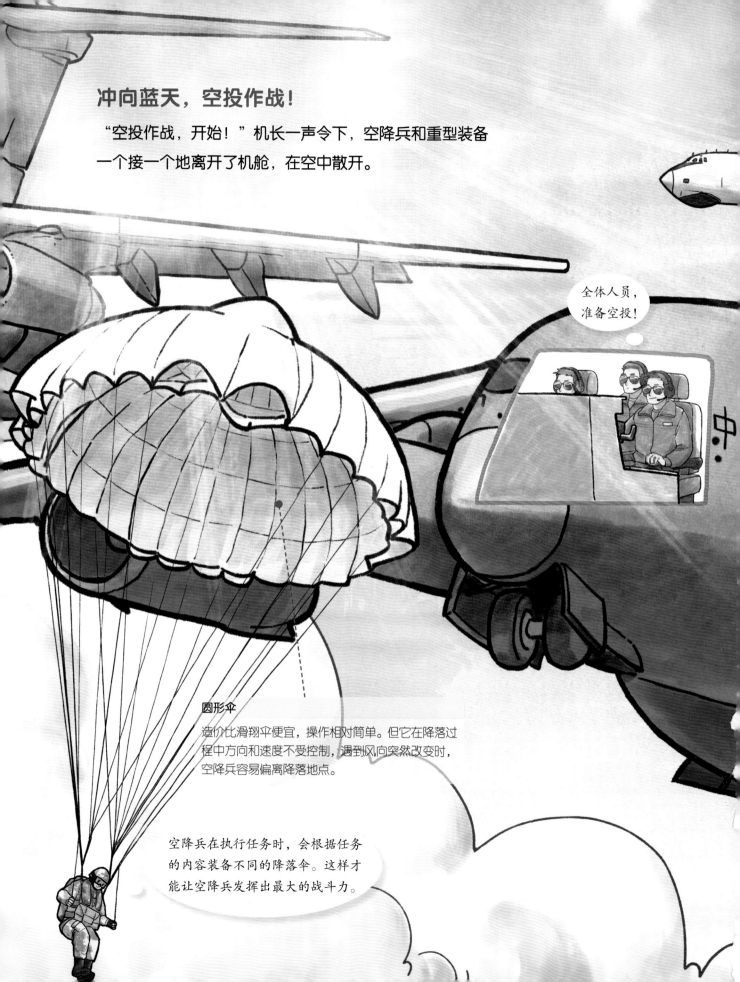

冲向蓝天，空投作战！

"空投作战，开始！"机长一声令下，空降兵和重型装备一个接一个地离开了机舱，在空中散开。

全体人员，
准备空投！

圆形伞

造价比滑翔伞便宜，操作相对简单。但它在降落过程中方向和速度不受控制，遇到风向突然改变时，空降兵容易偏离降落地点。

空降兵在执行任务时，会根据任务的内容装备不同的降落伞。这样才能让空降兵发挥出最大的战斗力。

空降兵伞徽

红黄白相间的伞衣顶，天蓝色的伞衣套，五角星和"八一"标志，直线代表伞绳，两翼张开金色的翅膀……这就是空降兵的标志——伞徽。只有克服了各种困难，完成跳伞任务的士兵才有资格戴上它。

头盔

由特殊材料制成，根据需要可安装通话器、夜视仪等装备。

夜降标识灯

空降兵会在夜间跳伞时佩戴夜降标识灯，帮助他们在黑夜中辨别方位，避免相撞。

救生衣

当空降兵不慎落在水里时，可自动充气帮助空降兵逃生。

伞兵刀

必带装备，锋利无比，能在紧急情况下快速割断伞绳，刀柄顶端安装了指南针。

天降神兵

在空中迅速下落几秒后，
空降兵们的主伞陆续打开了。
远远望去，天空中好像开出了朵朵白色的花。
这时，通话器里传来了命令：
"各人员注意，调整落点方向，迅速集结！"

护目镜

空降兵不可缺少的装备，不仅能够挡住强风和沙尘，还可以防止强光和激光照射。

主降落伞

空降兵降落用的主要装备。

伞兵靴

轻便性和缓冲功能比普通陆战靴更好，用于减轻空降兵落地时脚部受到的剧烈冲击。

顾不上欣赏风景了，快点儿赶往任务地点吧。

空降兵

中国人民解放军空降兵军隶属于中国人民解放军空军，是以伞降、机降方式投入地面作战的精锐部队。

备用伞

用来在紧急时刻使用的降落伞。在主伞无法打开的情况下，空降兵会果断丢弃主伞，打开备用伞进行自救。

赶快收好伞后武装自己！

空降兵们安全落地后就要马上准备开始战斗。他们需要将降落伞收好，迅速组装枪械和装备、集结完毕，并寻找空投到地面的重型装备，然后等待战场指挥官的命令。

突击步枪

空降兵的主要武器，操作简便，射程远，跳伞时放在背囊中。

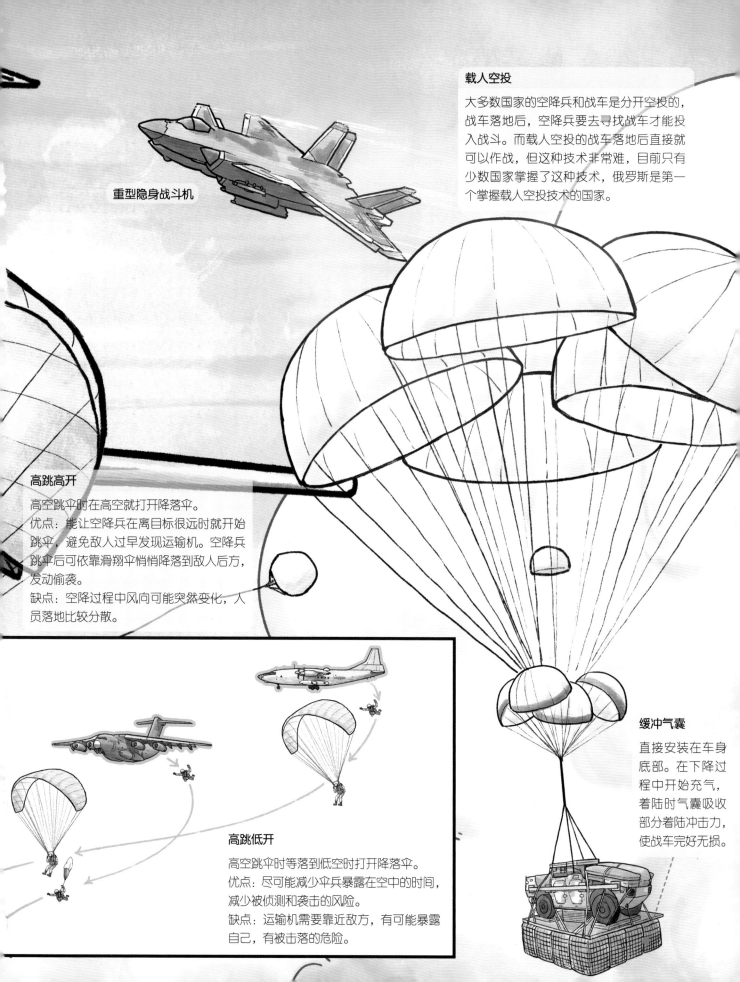

重型隐身战斗机

载人空投

大多数国家的空降兵和战车是分开空投的，战车落地后，空降兵要去寻找战车才能投入战斗。而载人空投的战车落地后直接就可以作战，但这种技术非常难，目前只有少数国家掌握了这种技术，俄罗斯是第一个掌握载人空投技术的国家。

高跳高开

高空跳伞时在高空就打开降落伞。

优点：能让空降兵在离目标很远时就开始跳伞，避免敌人过早发现运输机。空降兵跳伞后可依靠滑翔伞悄悄降落到敌人后方，发动偷袭。

缺点：空降过程中风向可能突然变化，人员落地比较分散。

高跳低开

高空跳伞时等落到低空时打开降落伞。

优点：尽可能减少伞兵暴露在空中的时间，减少被侦测和袭击的风险。

缺点：运输机需要靠近敌方，有可能暴露自己，有被击落的危险。

缓冲气囊

直接安装在车身底部。在下降过程中开始充气，着陆时气囊吸收部分着陆冲击力，使战车完好无损。

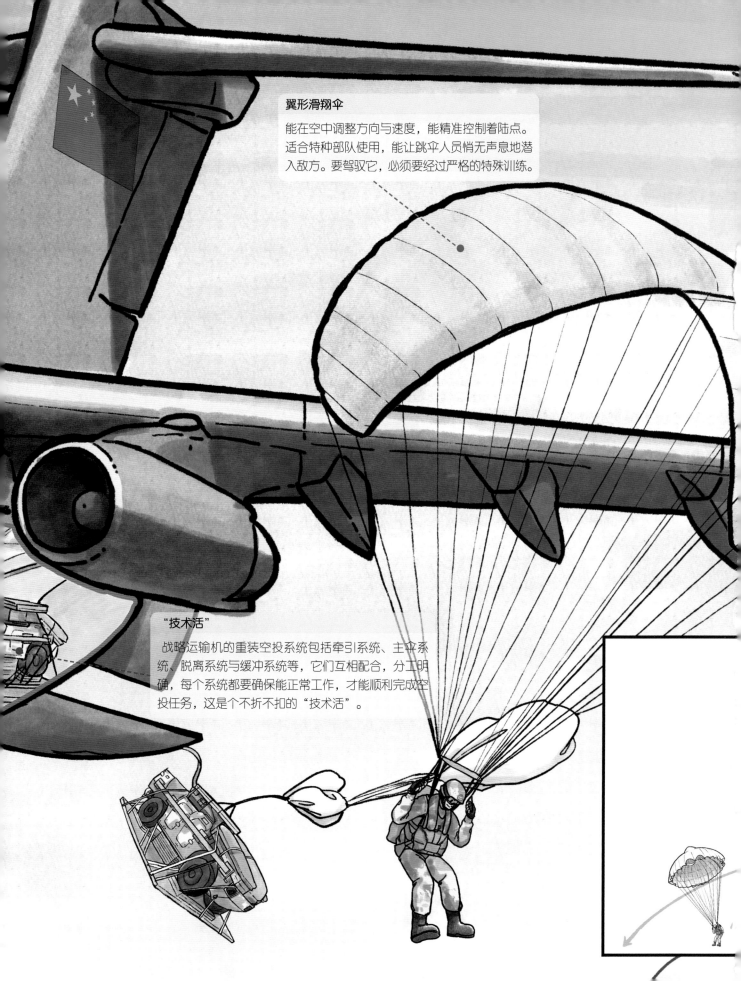

翼形滑翔伞

能在空中调整方向与速度，能精准控制着陆点。适合特种部队使用，能让跳伞人员悄无声息地潜入敌方。要驾驭它，必须要经过严格的特殊训练。

"技术活"

战略运输机的重装空投系统包括牵引系统、主伞系统、脱离系统与缓冲系统等，它们互相配合，分工明确，每个系统都要确保能正常工作，才能顺利完成空投任务，这是个不折不扣的"技术活"。

轰隆隆——

安全落地

"全体注意，部队已经完成集结，准备战斗！"

一阵巨响从我们的头顶传来，

战略运输机完成空投任务后返航了。

突击车、步兵战车和武装直升机从四面八方赶来，

为我们保驾护航。空降兵们，向目标发起进攻！

武装直升机

主要为空降兵进行空中支援，可挂载反坦克导弹和空空导弹。

轮式伞兵装甲突击车

拥有优秀的越野性能，不仅能穿越复杂地形，还能渡河作战。它的武器除了机枪外，还有一门小口径火炮，并配有微光夜视仪、红外夜视仪和各种先进设备。

空降步兵战车

空降兵专用的轻型两栖履带式步兵战车，体积小、重量轻、速度快，装有一门小口径火炮和反坦克导弹发射器。

"我是中国空军，你即将进入中国领空，立即离开，立即离开。"

这是中国飞行员对即将进入中国领空的外国飞机发出的警告。

2001 年 4 月 1 日 8 时 55 分，美军一架侦察机侵犯我国南海上空，被我机警告后，仍然继续飞行。为捍卫祖国领空，我军飞行员王伟驾驶战机进行拦截，壮烈牺牲。

20 年过去了，我们仍然记得一架编号为 81192 的战机、一名捍卫祖国领空的英雄——王伟。

那么小朋友们，你们知道什么是领空吗？

领空是指一个国家的领陆、内水和领海的上空，是一国领土的组成部分。我国的陆地面积为 960 万平方千米，内海和边海的水域面积约 470 万平方千米，我国的领空就是陆地再加上内海和边海水域的上空的总和。

每个国家都有自己的领空权，外国的飞机和其他航空器未经许可，不得在本国的领空飞行。

一个国家的领空由谁来保护呢？答案是空军。

空军是陆海空三军当中成立最晚的军种。第一次世界大战结束之后，许多国家认识到空军的重要性，纷纷成立了独立的空军，承担起国土防空，支援陆军、海军作战，对敌后实施空袭，进行空运和航空侦察等任务。

中国人民解放军空军于 1949 年 11 月 11 日建立，不仅承担了国土防空的任务，还承担着经略空天的任务，可以说是空天一体、攻防兼备。经过 70 多年的努力和建设，经过几代人的拼搏，中国空军的实力得到了飞速发展。近 15 年来我国空军装备逐渐由歼 -6、歼 -7、歼 -8 换装为歼 -10、歼 -16、歼 -20 等三代、四代新型战机。除此，大型运输机、空中预警机和大型加油机都有了快速发展，我国空军还构建了红旗 -9、红旗 -16、红旗 -17 防空导弹系统等，从而形成了难以突破的防御体系。

本套丛书的主角是中国的重要空军装备，包括战斗机、轰炸机和运输机等。丛书以"小机长"参加空军演习任务为故事主线，将战斗机的装备原理及起降方式、轰炸机的作战样式、战略运输机的主要构造等专业难懂的知识，以及空军战士的工作和生活等场景，用孩子们易于理解和接受的方式，进行了生动翔实的说明。还为孩子们解答了有关空军装备的"十万个为什么"：战略运输机是什么？空降兵部队登机前都做哪些准备？战斗机都有哪些空中特技动作？轰炸机能飞多远，怎样攻击敌人？……

　　在进行知识科普的同时，丛书还展现了中国空军的责任和担当，培养孩子们乐观奋进、勇于担当等优良品质。通过本套丛书，小读者们能够了解大国重器的价值，全面了解我国空军的科技成就，从小树立远大理想，争做有本领、有担当的时代新人。

中国人民解放军战略支援部队航天工程大学原副校长
著名军事专家
陆军少将